高校数学への フレッシュスタート

ご利用にあたって

　高等学校の数学は，中学校で学んだ数学の内容を基礎として，授業が進められます。

　その準備として，中学校までの数学の基礎的な内容が十分に理解できているかどうかを確かめ，不備なところはきちんと理解できるようにしましょう。

　本書では，中学校の学習内容のなかから高等学校で学習する「数学Ⅰ」と「数学A」の内容に関連した基本的な問題を38項目に分けて取り上げました。そして，それぞれの内容を練習することにより，基礎的な学力の確認ができるようにしました。

　それぞれの項目は，次のような展開になっています。

例　　　：その項における代表的な学習内容
確認事項：その項で必要な中学校での知識（公式やきまりなど）や注意
問　　　：その項の学習内容の理解を確認する問題

　本書が高等学校の「数学Ⅰ」や「数学A」の学習にスムーズに入っていける一助になれば幸いです。

目 次

1 数の四則計算⑴

1 次の計算をせよ。

(1) $8-(-2)-3$

(2) $\dfrac{5}{6}-\dfrac{3}{4}$

(3) $-\dfrac{3}{5}-\left(-\dfrac{3}{4}\right)+0.7$

2 次の計算をせよ。

(1) $(-8)\times(-3)$

(2) $\left(-\dfrac{3}{2}\right)\times\left(-\dfrac{8}{9}\right)$

3 次の計算をせよ。

(1) $32\div(-8)$

(2) $(-48)\div\left(-\dfrac{6}{5}\right)$

(3) $(-18)\div(-3)\times2$

(4) $\dfrac{3}{2}\div\left(-\dfrac{5}{8}\right)\times\left(-\dfrac{4}{9}\right)\div\left(-\dfrac{16}{15}\right)$

2 数の四則計算(2)

例 2 次の計算をせよ。

(1) $3+\{4-5\times(2-4)\}$

解 $3+\{4-5\times(2-4)\}=3+\{4-5\times(-2)\}$
$\qquad\qquad\qquad\qquad =3+(4+10)=\mathbf{17}$

(2) $-2^3+(-3)^2$

解 $-2^3+(-3)^2=-8+9=\mathbf{1}$

確認事項 ・加減，乗除が混じっている式は，乗除の計算を先にする。
・かっこのある式は，かっこの中の計算を先にする。⇒（ ）→{ }の順
・累乗のある式は，累乗の計算を先にする。

4 次の計算をせよ。

(1) $17-(-21)\times3$

(2) $3+5.4\div(-0.9)$

(3) $\left(\dfrac{3}{4}+\dfrac{4}{3}\right)\div\left(\dfrac{1}{6}-\dfrac{4}{9}\right)$

5 次の計算をせよ。

(1) -3^4

(2) $\left(-\dfrac{3}{4}\right)^2$

6 次の計算をせよ。

(1) $7-\{8-(-2)^2\times(-3)\}\div4$

(2) $(-2)^3\times(-3)^2\div(-6)$

(3) $(-1)^3-\left\{4-\dfrac{1}{25}\times(-5)^3\right\}$

(4) $\dfrac{5}{3}\div\dfrac{15}{2}\div\left(\dfrac{1}{3}-\dfrac{2}{5}\right)$

例 3 次の問いに答えよ。

(1) 1個300円のケーキを x 個買って，100円の箱に詰めてもらった代金を，x を使って表せ。

解 $(300 \times x + 100)$円
　　 すなわち $(300x + 100)$円

(2) (1)において，ケーキを 5 個買ったときの代金を求めよ。

解 (1)で求めた式に $x = 5$ を代入すればよいから，求める代金は

$300 \times 5 + 100 = 1500 + 100 = 1600$(円)

確認事項 ・乗法の記号×は省いて書く。
・同じ文字の積は，2乗，3乗などの形で表す。
・文字と数の積では，数を文字の前に書く。
・除法の記号÷は使わず，分数の形で書く。

7 次の数量を，文字を使った式で表せ。

(1) m を偶数とするとき，m の次の偶数

(2) m を奇数とするとき，m より小さい奇数の中で，最も大きい奇数

(3) n を整数とするとき，4 の倍数 $4n$ の次の 4 の倍数

(4) 底辺が a cm，高さが h cm の三角形の面積

(5) 縦が a cm，横が b cm の長方形の周囲の長さ

8 1 個 x 円のメロンを 6 個買って，120円の箱に詰めてもらった代金を，x を使って表せ。

9 次の問いに答えよ。

(1) 1 冊120円のノートを x 冊買って，1000円札を出したときのおつりを，x を使って表せ。

(2) (1)において，ノートを 6 冊買ったときのおつりを求めよ。

4 いろいろな数量の表し方(2)

> **例 4** 次の数量の関係を，不等式で表せ。
>
> (1) x は 3 以上である。
>
> **解** $x \geqq 3$
>
> (2) スプーン 1 杯分の砂糖の重さを x g とするとき，スプーン 6 杯分の砂糖は 18 g よりも重い。
>
> **解** スプーン 6 杯分の砂糖は $6x$ g だから　$6x > 18$

確認事項　・$a > b$ ……a は b より大きい。　　・$a \geqq b$ ……a は b 以上である。
　　　　　　　・$a < b$ ……a は b より小さい。　　・$a \leqq b$ ……a は b 以下である。

10 次の数量の関係を，不等式で表せ。

(1) x は 6 以上である。

(2) x は -1 より大きい。

(3) x は 3 より小さい。

(4) x は 4 以下である。

11 次の数量の関係を，不等式で表せ。

(1) ある数 x の 3 倍に 2 を加えた数は，8 より大きい。

(2) ある数 x の 4 倍から 5 を引いた数は，x を 3 倍して 2 を加えた数以下である。

(3) 1 冊 x 円のノートを 2 冊，1 本 60 円の鉛筆を 3 本買うと，代金は 500 円以上になる。

5 単項式と多項式の乗法・除法

(1) $2a^2b \times 3b \div a^2b$

解 $2a^2b \times 3b \div a^2b = \dfrac{2a^2b \times 3b}{a^2b}$

$\qquad\qquad\qquad\quad = \dfrac{6a^2b^2}{a^2b} = 6b$

(2) $(4x^2y^3 - 5xy^2) \div 2xy$

解 $(4x^2y^3 - 5xy^2) \div 2xy = (4x^2y^3 - 5xy^2) \times \dfrac{1}{2xy}$

$\qquad\qquad\qquad\qquad = 4x^2y^3 \times \dfrac{1}{2xy} - 5xy^2 \times \dfrac{1}{2xy}$

$\qquad\qquad\qquad\qquad = 2xy^2 - \dfrac{5}{2}y$

確認事項 ・乗法，除法は係数，文字それぞれ分けて考える。
・分配法則 $m(a+b) = ma + mb$

12 次の計算をせよ。

(1) $\dfrac{2}{3}a \times \dfrac{1}{2}a^2$

(2) $-2a^2b \times (-3ab^2)$

(3) $2x^3y^2 \div 4x^2y$

(4) $\dfrac{2}{3}a^2b^3 \div (-ab^2)$

13 次の計算をせよ。

(1) $3xy(2x - 3y + 5)$

(2) $-12\left(\dfrac{1}{4}a - \dfrac{2}{3}b\right)$

14 次の計算をせよ。

(1) $(24x^3y^3 - 15x^2y) \div (-6xy)$

(2) $(3x^3y^2 + 6x^2y^2 - 9x^2y) \div 3x^2y$

6 多項式の加法・減法

例 6　次の計算をせよ。

(1) $(x^2+3x-5)+(x^2-2x-1)$

解 $(x^2+3x-5)+(x^2-2x-1)$
$=x^2+3x-5+x^2-2x-1$
$=(1+1)x^2+(3-2)x+(-5-1)$
$=2x^2+x-6$

(2) $(3x^2-2x-1)-(-x^2-3x+2)$

解 $(3x^2-2x-1)-(-x^2-3x+2)$
$=3x^2-2x-1+x^2+3x-2$
$=(3+1)x^2+\{(-2)+3\}x+(-1-2)$
$=4x^2+x-3$

確認事項　・（　）の前に－があるときは，（　）の中の符号を変えて加える。

15 次の計算をせよ。

(1) $x+3y-2x+y$

(2) $2x^2-4x-x^2+3x+1$

16 次の計算をせよ。

(1) $(2x+1)+(3x-1)$

(2) $(3x+2y)+(-x-3y)$

(3) $(-x^2-x+2)+(2x^2+3x-1)$

17 次の計算をせよ。

(1) $(-3x+1)-(2x+3)$

(2) $(2x+y)-(-x-y)$

(3) $(2x^2+x-1)-(-x^2+2x-1)$

18 次の計算をせよ。

(1) $\dfrac{x-1}{2}+\dfrac{x+2}{3}$

(2) $\dfrac{x+y}{2}-\left(\dfrac{x}{3}-\dfrac{x+y}{4}\right)$

7 多項式の乗法(1)

例7 次の式を展開せよ。

(1) $(2x-3)(3x+2)$

解 $(2x-3)(3x+2)=2x(3x+2)-3(3x+2)$
$=2x\times3x+2x\times2-3\times3x-3\times2$
$=6x^2+4x-9x-6$
$=6x^2-5x-6$

(2) $(x-2)(x+3)$

解 $(x-2)(x+3)=x^2+\{(-2)+3\}x+(-2)\times3$
$=x^2+x-6$

確認事項 ・**分配法則** $(a+b)(c+d)=a(c+d)+b(c+d)=ac+ad+bc+bd$
・**展開公式** $(x+a)(x+b)=x^2+(a+b)x+ab$

19 次の式を展開せよ。

(1) $(x+3)(y+2)$

(2) $(x-4)(y-1)$

(3) $(x-6)(y+3)$

20 次の式を展開せよ。

(1) $(2x+1)(x-1)$

(2) $(3x-2)(4x-3)$

21 次の式を展開せよ。

(1) $(x+1)(x+2)$

(2) $(x-5)(x-3)$

(3) $(x+2)(x-6)$

(4) $(x+3y)(x-4y)$

(5) $(x-2y)(x-y)$

8 多項式の乗法(2)

確認事項 展開公式 $\cdot(x+a)^2=x^2+2ax+a^2$ $\cdot(x-a)^2=x^2-2ax+a^2$ $\cdot(x+a)(x-a)=x^2-a^2$

22 次の式を展開せよ。

(1) $(x+5)^2$

(2) $(x-2)^2$

(3) $(2x+1)^2$

(4) $(3x-2)^2$

(5) $(2x+y)^2$

(6) $(4x-3y)^2$

23 次の式を展開せよ。

(1) $(x+4)(x-4)$

(2) $(x-3)(x+3)$

(3) $(2x+1)(2x-1)$

(4) $(3x+4)(3x-4)$

(5) $(4x+3y)(4x-3y)$

(6) $(-x+2y)(-x-2y)$

9 因数分解(1)

例 9 次の式を因数分解せよ。

(1) $3xy+6x$

解 $3xy+6x=3x\times y+3x\times 2$
　　　　　　$=3x(y+2)$

(2) $x^2+7x+10$

解 $x^2+7x+10=x^2+(2+5)x+2\times 5$
　　　　　　　　$=(x+2)(x+5)$

確認事項 ・共通因数をくくり出す $ma+mb=m(a+b)$ ・因数分解の公式 $x^2+(a+b)x+ab=(x+a)(x+b)$

24 次の式を因数分解せよ。

(1) $6a+2$

(2) $2x^2-4xy$

(3) a^2b-ab^2

(4) $3xy^2-9xy$

(5) $5x^2y-15xy^2+20xy$

(6) $8a^3b^2-6a^2b-4ab$

25 次の式を因数分解せよ。

(1) x^2+5x+6

(2) $x^2-9x+18$

(3) $x^2+3x-10$

(4) $x^2-2x-24$

(5) $x^2-10x+16$

(6) $x^2-12x+27$

10 因数分解(2)

例10 次の式を因数分解せよ。

(1) x^2-2x+1

解 $x^2-2x+1=x^2-2\times1\times x+1^2$
$=(x-1)^2$

(2) x^2-4

解 $x^2-4=x^2-2^2$
$=(x+2)(x-2)$

確認事項 因数分解の公式 ・$x^2+2ax+a^2=(x+a)^2$ ・$x^2-2ax+a^2=(x-a)^2$ ・$x^2-a^2=(x+a)(x-a)$

26 次の式を因数分解せよ。

(1) x^2+6x+9

(2) x^2-4x+4

(3) $4x^2+12x+9$

(4) $9x^2-6x+1$

(5) $x^2+4xy+4y^2$

(6) $4x^2-4xy+y^2$

27 次の式を因数分解せよ。

(1) x^2-9

(2) x^2-25

(3) $4x^2-9$

(4) $16x^2-49$

(5) $9x^2-1$

(6) $25x^2-16y^2$

11 根号を含む式の計算(1)

例11 次の問いに答えよ。

(1) $\sqrt{12}$ を $a\sqrt{b}$ の形になおせ。

解 $\sqrt{12}=\sqrt{2^2\times3}=2\sqrt{3}$

(2) $\sqrt{75}\div\sqrt{3}$ を計算せよ。

解 $\sqrt{75}\div\sqrt{3}=\dfrac{\sqrt{75}}{\sqrt{3}}=\sqrt{\dfrac{75}{3}}=\sqrt{25}=5$

確認事項 $a>0$, $b>0$ のとき　　$\cdot\sqrt{a^2}=a$　　$\cdot\sqrt{a^2b}=a\sqrt{b}$　　$\cdot\sqrt{a}\times\sqrt{b}=\sqrt{ab}$　　$\cdot\sqrt{a}\div\sqrt{b}=\sqrt{\dfrac{a}{b}}$

28 次の数を，根号を使わずに表せ。

(1) $\sqrt{9}$

(2) $-\sqrt{36}$

(3) $\sqrt{(-3)^2}$

(4) $-\sqrt{\dfrac{16}{25}}$

29 次の数を，$a\sqrt{b}$ の形になおせ。

(1) $\sqrt{20}$

(2) $\sqrt{75}$

(3) $\sqrt{108}$

(4) $\sqrt{\dfrac{7}{36}}$

30 次の計算をせよ。

(1) $\sqrt{2}\times\sqrt{5}$

(2) $\sqrt{3}\times\sqrt{6}$

(3) $\sqrt{42}\div\sqrt{14}$

(4) $\sqrt{18}\times\sqrt{27}$

(5) $\sqrt{5}\times\sqrt{12}\div\sqrt{15}$

12 根号を含む式の計算(2)

例 12 次の問いに答えよ。

(1) $(\sqrt{3}+\sqrt{2})(\sqrt{3}-2\sqrt{2})$ を計算せよ。

解 $(\sqrt{3}+\sqrt{2})(\sqrt{3}-2\sqrt{2})$
$=\sqrt{3}(\sqrt{3}-2\sqrt{2})+\sqrt{2}(\sqrt{3}-2\sqrt{2})$
$=(\sqrt{3})^2-\sqrt{3}\times2\sqrt{2}+\sqrt{2}\times\sqrt{3}-\sqrt{2}\times2\sqrt{2}$
$=3-2\sqrt{6}+\sqrt{6}-4=\boldsymbol{-1-\sqrt{6}}$

(2) $\dfrac{2}{\sqrt{3}}$ の分母を有理化せよ。

解 $\dfrac{2}{\sqrt{3}}=\dfrac{2\times\sqrt{3}}{\sqrt{3}\times\sqrt{3}}=\dfrac{2\sqrt{3}}{3}$

確認事項 $a>0$ のとき ・$m\sqrt{a}+n\sqrt{a}=(m+n)\sqrt{a}$

・分母の有理化 $\dfrac{1}{\sqrt{a}}=\dfrac{\sqrt{a}}{\sqrt{a}\times\sqrt{a}}=\dfrac{\sqrt{a}}{a}$ ……分母に根号を含まない形にする。

31 次の計算をせよ。

(1) $3\sqrt{2}-2\sqrt{3}+\sqrt{2}+4\sqrt{3}$

(2) $\sqrt{27}-\sqrt{48}$

(3) $2\sqrt{8}+\sqrt{27}-\sqrt{18}-2\sqrt{12}$

32 次の計算をせよ。

(1) $\sqrt{5}(2\sqrt{5}+2)$

(2) $(2\sqrt{6}-\sqrt{2})(\sqrt{6}-2\sqrt{2})$

33 次の計算をせよ。

(1) $(\sqrt{6}+\sqrt{3})^2$

(2) $(\sqrt{2}-2\sqrt{3})^2$

(3) $(2\sqrt{3}+\sqrt{5})(2\sqrt{3}-\sqrt{5})$

34 次の分母を有理化せよ。

(1) $\dfrac{1}{\sqrt{5}}$

(2) $\dfrac{3}{2\sqrt{6}}$

13 1次方程式(1)

例13 次の方程式を解け。

(1) $3x-5=1$

解 -5 を移項すると $\quad 3x=1+5$

整理すると $\quad 3x=6$

両辺を3で割って $\quad x=2$

(2) $\dfrac{1}{2}x=\dfrac{1}{6}x-1$

解 両辺に6を掛けて $\quad 3x=x-6$

移項すると $\quad 3x-x=-6$

整理すると $\quad 2x=-6$

両辺を2で割って $\quad x=-3$

確認事項 ① 係数に分数や小数があるときは，両辺に適当な数を掛けて，係数を整数にする。
② 左辺に x を含む項，右辺に数の項を移項する。
③ 両辺を整理して，$ax=b$ の形にしてから，両辺を x の係数で割る。

35 次の方程式を解け。

(1) $2x-3=7$

(2) $7x=9+4x$

(3) $6-x=3x-14$

(4) $x+6=-3+4x$

36 次の方程式を解け。

(1) $2x+\dfrac{1}{2}=-\dfrac{3}{5}$

(2) $3x-12=\dfrac{1}{2}x+8$

(3) $1.7x-3.6=2.9x$

(4) $0.23x-0.1=0.18+0.3x$

14 1次方程式(2)

37 次の方程式を解け。

(1) $5(x-1)=3x+9$

(2) $5(x-3)=2(3x-4)$

(3) $-2(x+5)=3(2-5x)+10$

38 次の比例式を解け。

(1) $x:9=4:3$

(2) $8:5=x:6$

(3) $(x+1):3=2x:4$

(4) $(x-3):2=(x-2):4$

15 連立1次方程式⑴

例15 次の連立方程式を，指定された解き方で解け。

(1) $\begin{cases} 3x-2y=-2 & \cdots\cdots① \\ x+y=6 & \cdots\cdots② \end{cases}$ （加減法）

解 ①＋②×2 より

$$\begin{array}{r} 3x-2y=-2 \\ +)\ 2x+2y=12 \\ \hline 5x=10 \end{array}$$

よって $\qquad x=2$

これを②に代入すると $\quad 2+y=6$

したがって $\quad y=4$ **答** $x=2,\ y=4$

(2) $\begin{cases} y=x+6 & \cdots\cdots① \\ 7x+y=-2 & \cdots\cdots② \end{cases}$ （代入法）

解 ①を②に代入すると $\quad 7x+(x+6)=-2$

整理すると $\qquad 8x=-8$

よって $\qquad x=-1$

これを①に代入すると $\quad y=-1+6=5$

答 $x=-1,\ y=5$

確認事項 ・x または y のどちらかの文字を消去する。
・与えられた式が $y=\cdots\cdots$ のような形のときは，代入法で解く。

39 次の連立方程式を，加減法で解け。

(1) $\begin{cases} 3x+y=-10 \\ x-2y=-8 \end{cases}$

(2) $\begin{cases} -5x-y=11 \\ 3x+2y=-8 \end{cases}$

40 次の連立方程式を，代入法で解け。

(1) $\begin{cases} y=x-2 \\ 2x-y=8 \end{cases}$

(2) $\begin{cases} 2x=y-1 \\ 3x-2y=1 \end{cases}$

16 連立1次方程式(2)

確認事項 ・( )などがあるときは，まず( )をはずす。
・係数に分数や小数があるときは，両辺に適当な数を掛けて，係数を整数にする。

41 次の連立方程式を解け。

(1) $\begin{cases} 3x+5(y+2)=-6 \\ 3(2x-y)+4y=13 \end{cases}$

(2) $\begin{cases} \dfrac{1}{2}x-\dfrac{1}{6}y=4 \\ \dfrac{1}{4}x+\dfrac{3}{8}y=\dfrac{5}{8} \end{cases}$

42 2つの整数があり，その和は53，差は17である。この2つの整数を求めよ。

17 2次方程式(1)

確認事項 ・$AB=0$ ならば，$A=0$ または $B=0$
・左辺を因数分解して，$AB=0$ の形にする。

---

43 次の2次方程式を解け。

(1) $(x+1)(x-3)=0$

(2) $x(x-2)=0$

(3) $(3x-1)(x-5)=0$

44 次の2次方程式を解け。

(1) $x^2-5x=0$

(2) $x^2-16=0$

(3) $x^2-4x+3=0$

45 次の2次方程式を解け。

(1) $x^2+7x=18$

(2) $x^2=10x-25$

(3) $x^2+11=12x$

(4) $x^2-2x=3x-6$

(5) $x^2+x-4=2(3-x)$

18 2次方程式(2)

確認事項　・$k>0$ のとき，　$x^2=k$ **ならば**　$x=\pm\sqrt{k}$

　　　　　　　$(x-a)^2=k$ **ならば**　$x-a=\pm\sqrt{k}$　**すなわち**　$x=a\pm\sqrt{k}$

46 次の2次方程式を，平方根の考え方を使って解け。

(1)　$x^2=9$

(2)　$3x^2=12$

(3)　$x^2-8=0$

(4)　$16x^2-3=0$

(5)　$9x^2-25=0$

47 次の2次方程式を，平方根の考え方を使って解け。

(1)　$(x+1)^2=5$

(2)　$(x-2)^2=8$

(3)　$2(x+3)^2=18$

48 次の問いに答えよ。

(1)　次の式の □ に適当な数を入れよ。

$x^2+4x+{}^{ア}\boxed{}=(x+{}^{イ}\boxed{})^2$

(2)　(1)を利用して，2次方程式 $x^2+4x=1$ を解け。

2次方程式の解の公式(1)

例 19　2次方程式 $x^2+5x-3=0$ を解け。

解　解の公式より　$x=\dfrac{-5\pm\sqrt{5^2-4\times1\times(-3)}}{2\times1}=\dfrac{-5\pm\sqrt{25+12}}{2}$

$=\dfrac{-5\pm\sqrt{37}}{2}$

確認事項　2次方程式 $ax^2+bx+c=0$ の左辺が因数分解できないときは，次の解の公式を利用する。

[解の公式]　$x=\dfrac{-b\pm\sqrt{b^2-4ac}}{2a}$

49　次の2次方程式を解け。

(1)　$x^2+5x+2=0$

(2)　$x^2+3x-2=0$

(3)　$x^2-3x-1=0$

50　次の2次方程式を解け。

(1)　$3x^2+5x+1=0$

(2)　$2x^2+x-4=0$

(3)　$5x^2-3x-1=0$

2 次方程式の解の公式 (2)

例 20 　2 次方程式 $2x^2+4x-1=0$ を解け。

解 　解の公式より　$x=\dfrac{-4\pm\sqrt{4^2-4\times2\times(-1)}}{2\times2}=\dfrac{-4\pm\sqrt{16+8}}{4}$

$=\dfrac{-4\pm\sqrt{24}}{4}=\dfrac{-4\pm2\sqrt{6}}{4}=\dfrac{-2\pm\sqrt{6}}{2}$

確認事項 　x の係数が 2 の倍数の 2 次方程式 $ax^2+2bx+c=0$ を解の公式で解くと，解は必ず約分される。

51 　次の 2 次方程式を解け。

(1)　$x^2+4x+2=0$

(2)　$x^2+6x-2=0$

(3)　$x^2-2x-4=0$

52 　次の 2 次方程式を解け。

(1)　$2x^2+6x+1=0$

(2)　$3x^2+6x-2=0$

(3)　$4x^2-2x-1=0$

1 次関数⑴

例 21 右の表はやかんに水をいれ，ガスコンロに火をつけてからの時間 x 分と水温 y℃との関係を示したものである。y を，x の式で表せ。また，x の変域および，y の変域をそれぞれ求めよ。

x（分）	0	5	10	15	20
y（℃）	20	35	50	65	80

解 5 分間ごとに15℃上がっているから，1 分間で 3 ℃，x 分間で $3x$℃上がる。最初は20℃だから，x 分後の水温 y℃は　$y=3x+20$

表より，x の変域は $0 \leqq x \leqq 20$，y の変域は $20 \leqq y \leqq 80$

確認事項 y が x の 1 次式で表されるとき，y は x の 1 次関数である。一般に $y=ax+b$ の形で表される。

53 たてが 5cm，横が x cm の長方形の面積は y cm² である。y を，x の式で表せ。

54 12km の道のりを，時速 3km で歩くことにし，歩き始めてから x 時間後の残りの道のりを y km とする。y を，x の式で表せ。

55 次の表は，長さ 30cm のばねにおもりをつるし，おもりの重さとばねの長さの関係を調べたものである。おもりの重さを x g，ばねの長さを y cm として，y を，x の式で表せ。また，x の変域，および y の変域をそれぞれ求めよ。

おもりの重さ x（g）	0	10	20	30	40
ばねの長さ y（cm）	30	36	42	48	54

56 長さ 16cm の線香に火をつけると，毎分 0.5cm ずつ短くなる。火をつけてから x 分後の線香の長さを y cm として，次の問いに答えよ。

(1) 次の表を完成させよ。

x（分）	0	4	8	12	16	20	24	28	32
y（cm）	16								

(2) y を，x の式で表せ。

(3) x の変域，および y の変域を求めよ。

57 y は x に比例し，$x=2$ のとき $y=1$ である。次の問いに答えよ。

(1) y を，x の式で表せ。

(2) $x=3$ のとき，y の値を求めよ。

22　1次関数(2)

例 22　1次関数 $y=-2x+1$ について，x の変域が $-1 \leqq x \leqq 2$ のとき，y の変域を求めよ。

解　$x=-1$ のとき　$y=3$
$x=2$ のとき　　$y=-3$
よって，y の変域は
$$-3 \leqq y \leqq 3$$

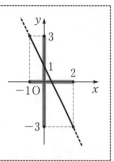

確認事項　$y=ax+b$ のグラフは
・傾きが a で，切片が b の直線　　・$y=ax$ のグラフを y 軸の正の向きに b だけ平行移動した直線
$y=ax+b$ の変域
・x の変域が $a \leqq x \leqq b$ のとき，y の変域は $x=a$，$x=b$ の値を求めて考える。

58　次の1次関数のグラフをかけ。

(1)　$y=-x+1$

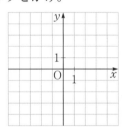

(2)　$y=2x-1$

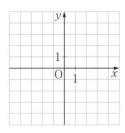

(3)　$y=\dfrac{1}{3}x-1$

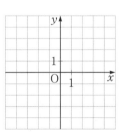

(4)　$2x+y=2$

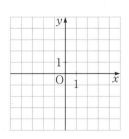

59　次の問いに答えよ。

(1)　1次関数 $y=x-2$ について，x の変域が $-3 \leqq x \leqq 4$ のとき，y の変域を求めよ。

(2)　1次関数 $y=-2x+2$ について，x の変域が $-1 \leqq x \leqq 2$ のとき，y の変域を求めよ。

23 直線の式

例 23 傾きが -2 で，点$(2, -1)$を通る直線の式を求めよ。

解 傾きが -2 だから，求める直線の式は $y=-2x+b$ ……①
とおける。

点$(2, -1)$を通るから，$x=2$，$y=-1$を①に代入すると $-1=(-2)\times2+b$

これを解くと $b=3$

よって，求める直線の式は $y=-2x+3$

確認事項 ・傾きが a で，切片が b の直線の式は，$y=ax+b$ である。この直線が点(p, q)を通るとき，$q=ap+b$ をみたす。

・2直線の交点は，2直線の式を連立方程式とみたときの解である。

60 次の条件をみたす直線の式を求めよ。

(1) 傾きが -3 で，切片が 5 の直線

(2) 傾きが 2 で，点$(2, 5)$を通る直線

(3) 直線 $y=3x+1$ に平行で，点$(1, -2)$を通る直線

(4) 2点$(2, 1)$，$(4, 5)$を通る直線

61 次の連立方程式の解を，グラフを使って求めよ。

(1) $\begin{cases} y=2x-1 \\ y=-x+5 \end{cases}$

(2) $\begin{cases} 2x+y=5 \\ x-y=1 \end{cases}$

関数 $y=ax^2$

例 24 y は x の2乗に比例し，$x=2$ のとき $y=12$ である。次の問いに答えよ。

(1) y を，x の式で表せ。

解 y は x の2乗に比例するから，$y=ax^2$ とおける。

$x=2$ のとき $y=12$ だから　$12=a\times2^2$

よって　　　$a=3$

したがって　$y=3x^2$

(2) $x=-1$ のとき，y の値を求めよ。

解 $x=-1$ を $y=3x^2$ に代入して

$$y=3\times(-1)^2=3$$

確認事項 ・y が x の関数で，$y=ax^2$ の関係が成り立つとき，y は x の2乗に比例するという。

---

62 底辺が x cm，高さが $6x$ cm の三角形の面積が y cm² であるとき，y を，x の式で表せ。

63 y は x の2乗に比例し，$x=-3$ のとき $y=27$ である。次の問いに答えよ。

(1) y を，x の式で表せ。

(2) $x=-2$ のとき，y の値を求めよ。

64 y は x の2乗に比例し，$x=2$ のとき $y=-4$ である。次の問いに答えよ。

(1) y を，x の式で表せ。

(2) $x=-4$ のとき，y の値を求めよ。

65 自動車がブレーキをかけてから停車するまでに進む距離は，自動車のそのときの速度の2乗に比例するという。進む距離を y m，時速を x km とする。$x=20$ のとき $y=5$ であるとき，y を，x の式で表せ。

25 関数 $y = ax^2$ のグラフ

例25 関数 $y = x^2$ で，x の変域が $-1 \leqq x \leqq 2$ のとき，y の変域を求めよ。

解 $x = -1$ のとき　$y = 1$

$x = 2$ のとき　　$y = 4$

よって，グラフから，y の変域は

$0 \leqq y \leqq 4$

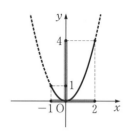

確認事項 $y = ax^2$ のグラフは，原点を通り，y 軸に関して対称な曲線で，$a > 0$ のとき，上に開いている。　$a < 0$ のとき，下に開いている。

66 次の関数のグラフをかけ。

(1) $y = 2x^2$

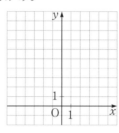

(2) $y = \dfrac{1}{2}x^2$

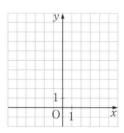

(3) $y = -2x^2$

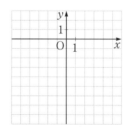

67 関数 $y = -\dfrac{1}{2}x^2$ で，x の変域が $-2 \leqq x \leqq 4$ のとき，y の変域を求めよ。

68 右の図の直角三角形 ABC で，2辺 AB，BC の長さの比は 4：1 である。辺 BC の長さを x cm，面積を y cm^2 とするとき，y を，x の式で表せ。

26 作 図

例26 ∠XOY の辺 OY 上に点Aがある。点Aで OY に
接して，辺 OX にも接する円を作図せよ。

解 ① 点Aを通る垂線 ℓ をかく。
　② ∠XOY の二等分線 m をかく。
　③ 2直線 ℓ，m の交点をPとすると，点Pが求める円の中
　　心，線分 PA が半径である。

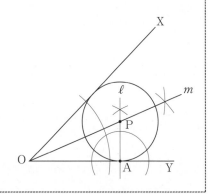

確認事項 　① 線分の垂直二等分線　② 角の二等分線　③ 直線外の点からの垂線　④ 直線上の点における垂線

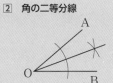 

69 右の図の線分 AB を1辺とする正方形
ABCD を作図せよ。

A　　　　　B

70 右の図で，直線 ℓ 上の点Aで直線 ℓ に接
し，点Bを通る円の中心Oを作図せよ。

B・

―――――――――――――― ℓ
　　　　　A

例 27 右の図で，$\ell \parallel m$ であるとき，
$\angle x$，$\angle y$ の大きさをそれぞれ求めよ。

解 平行線の同位角は等しいから $\angle x = 75°$
平行線の錯角は等しいから $\angle y = 80°$

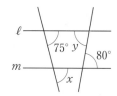

確認事項 ・平行である 2 直線 ℓ，m に直線 n が交わっているとき
・同位角は等しい。
・錯角は等しい。
・三角形のある内角における外角は，残りの 2 つの内角の和に
等しい。

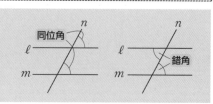

71 次の図で，$\ell \parallel m$ であるとき，$\angle x$，$\angle y$ の大きさをそれぞれ求めよ。

(1)

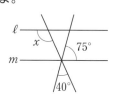

(2)

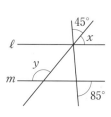

(3)

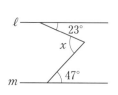

72 次の図で，$\angle x$ の大きさを求めよ。

(1)

(2)

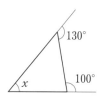

(3)

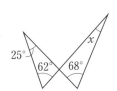

28 三角形の合同条件

右の図で，点Cが線分 AE，BD それぞれの中点で
あるとき，AB＝DE であることを証明せよ。

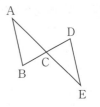

証 △ABC と △EDC で，

仮定から　CA＝CE，BC＝DC

対頂角は等しいから　∠BCA＝∠DCE

したがって，2辺とその間の角がそれぞれ等しいから　△ABC≡△EDC

よって　AB＝DE

確認事項 三角形の合同条件……次の3つのうち，1つが成り立てばよい。

① 3辺がそれぞれ等しい。

② 2辺とその間の角がそれぞれ等しい。

③ 1辺とその両端の角がそれぞれ等しい。

---

73 次の図の △ABC と △DEF で，(1)〜(3)
のそれぞれの条件に，どのような条件をも
う1つ加えれば合同になるか。

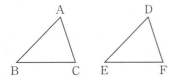

(1) ∠A＝∠D，AB＝DE

(2) BC＝EF，AB＝DE

(3) ∠C＝∠F，∠A＝∠D

74 線分 AB 上に点C
をとり，AB の同じ側に，
AC，CB をそれぞれ1
辺とする正三角形
ACD，CBE をつくる。
このとき，AE＝BD で
あることを証明せよ。

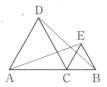

29 三角形の相似条件

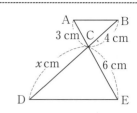

例29 右の図で，AB∥DE であるとき，x の値を求めよ。

解 △ABC と △EDC で，

平行線の錯角は等しいから　∠CAB＝∠CED

対頂角は等しいから　　　　∠ACB＝∠ECD

したがって，2 組の角がそれぞれ等しいから

　　△ABC∽△EDC

よって，CA：CE＝BC：DC より　3：6＝4：x

したがって，3x＝24 より　x＝8

確認事項 三角形の相似条件……次の 3 つのうち，1 つが成り立てばよい。

① 3 組の辺の比が等しい。

② 2 組の辺の比が等しく，その間の角が等しい。

③ 2 組の角がそれぞれ等しい。

---

75 次の①〜⑥の三角形から，相似な三角形を選び，相似条件を書け。

①

②

③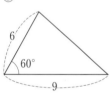

④

⑤

⑥

76 右の図で，BC∥DE のとき，x の値を求めよ。

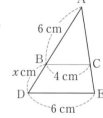

77 右の図のように，直角三角形 ABC の頂点Aから斜辺 BC に垂線 AD を引く。AC＝5，AD＝4，CD＝3 のとき，x，y の値をそれぞれ求めよ。

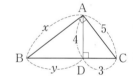

例30 右の図の △ABC で，辺 AB，AC の中点をそれぞれ
M，N とするとき MN の長さを求めよ。

解 中点連結定理より

$$MN = \frac{1}{2}BC = \frac{1}{2} \times 8 = 4 \, (cm)$$

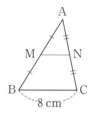

確認事項 ＜中点連結定理＞△ABC の 2 辺 AB，AC の中点をそれぞれ M，N とするとき MN∥BC，MN＝$\frac{1}{2}$BC

＜平行四辺形の角の性質＞向かいあう角は等しい。 隣り合う角の和は 180° である。

78 右の図で，
AD∥BC で，点 E，F
がそれぞれ辺 AB，DC
の中点であるとき，EF
の長さを求めよ。

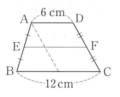

80 次の図で，四角形 ABCD が平行四辺形
であるとき，∠x，∠y の大きさをそれぞれ
求めよ。

(1)

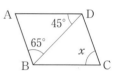

79 右の図で，
AB∥DE で，点 F，G
がそれぞれ辺 BD，AE
の中点であるとき，FG
の長さを求めよ。

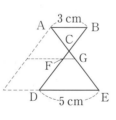

(2)

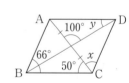

31 三平方の定理

例31 右の図で，BC の長さを求めよ。

解 △ADEで，三平方の定理より EA²+DE²=AD²

すなわち 4²+DE²=5² DE²=5²−4²=9

ED>0だから ED=3

ここで，△ADE∽△ABCだから AD：AB=DE：BC

すなわち，5：10=3：BCより 5BC=30

よって BC=**6**（**cm**）

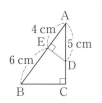

確認事項 <三平方の定理>直角三角形の直角をはさむ2辺の長さを a，b，斜辺の長さを c とするとき，次の関係が成り立つ。 $a^2+b^2=c^2$

81 次の図で，x の値を求めよ。

(1)

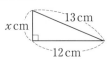

(2)

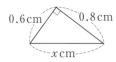

82 右の図に対して，次の問いに答えよ。

(1) BCの長さを求めよ。

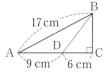

(2) BDの長さを求めよ。

83 次の長さを3辺とする三角形は，直角三角形であるか。

(1) 3cm，4cm，5cm

(2) 4cm，5cm，6cm

(3) 4cm，6cm，8cm

(4) 6cm，8cm，10cm

例 32 ▸ 右の図で，∠x，∠y の大きさをそれぞれ求めよ。

解 同じ弧に対する円周角は等しいから，∠$x=50°$

1つの弧に対する円周角は，その弧に対する中心角の半分に等しいから

$$50°=∠y×\frac{1}{2}$$

よって ∠$y=50°×2=100°$

確認事項 ＜円周角の定理＞・1つの弧に対する円周角は，その弧に対する中心角の半分に等しい。
・同じ弧に対する円周角はすべて等しい。
・半円の弧に対する円周角は 90° である。
＜円周角の定理の逆＞ 2点C，Dが直線 AB について同じ側にあり，∠ACB＝∠ADB ならば，4点A，B，C，Dは同じ円周上にある。

84 次の図で，∠x，∠y の大きさをそれぞれ求めよ。

(1)

(2)

85 右の図で，∠BDC の大きさを求めよ。

86 右の図で，4点A，B，C，Dが同じ円周上にあることを証明せよ。

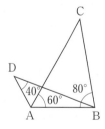

33 空間図形の位置関係

> **例33** 右の図の直方体で，辺を直線，面を平面とみて，次の問いに答えよ。
>
> (1) 直線 AB とねじれの位置にある直線を答えよ。
>
> **解** CG, DH, EH, FG
>
> (2) 平面 ABCD と垂直な平面を答えよ。
>
> **解** 平面 ABFE, BCGF, CDHG, DAEH

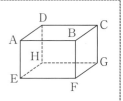

確認事項 ＜2つの直線の位置関係＞　　　　　　　　　　　＜直線と平面の位置関係＞

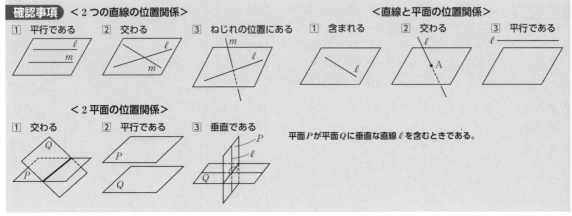

① 平行である　② 交わる　③ ねじれの位置にある　　① 含まれる　② 交わる　③ 平行である

＜2平面の位置関係＞

① 交わる　② 平行である　③ 垂直である

平面Pが平面Qに垂直な直線ℓを含むときである。

87 右の図の直方体で，辺を直線，面を平面とみて，次の問いに答えよ。

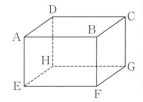

(1) 直線 AD と平行な直線を答えよ。

(2) 直線 BC とねじれの位置にある直線を答えよ。

(3) 辺 AE を含む平面を，すべて答えよ。

(4) 面 ABFE と面 DCGH はどのような位置関係にあるか。

例 34 右の直方体の表面積を求めよ。

解 $(2×3+4×2+4×3)×2$
  $=52(cm^2)$

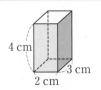

4 cm
3 cm
2 cm

確認事項 <角柱，円柱の表面積> 底面積×2＋側面積
<角すい，円すいの表面積> 底面積＋側面積
<球の表面積> 球の半径を r とすると $4πr^2$

88 次の立体の表面積を求めよ。

(1)

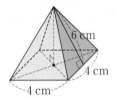

6 cm
4 cm
4 cm

(2)

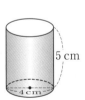

5 cm
4 cm

89 右の図の円すいで，次の
ものを求めよ。

(1) 側面のおうぎ形の中心角

12 cm
7 cm

〔展開図〕

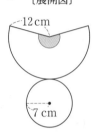

12 cm
7 cm

(2) 円すいの表面積

90 半径が 3 cm の球の表面積を求めよ。

空間図形の体積

例 35 右の図の円すいの体積 V を求めよ。

解 円すいの高さを x cm とすると，三平方の定理より　$x^2+3^2=5^2$

$x^2=5^2-3^2=16$

$x>0$ だから　$x=4$

よって　$V=\dfrac{1}{3}\times(\pi\times3^2)\times4=\mathbf{12\pi}$ ($\mathbf{cm^3}$)

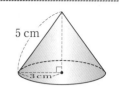

確認事項 <角柱，円柱の体積 V>　底面積を S，高さを h とすると　　$V=Sh$

<角すい，円すいの体積 V>底面積を S，高さを h とすると　$V=\dfrac{1}{3}Sh$

<球の体積 V>　球の半径を r とすると　$V=\dfrac{4}{3}\pi r^3$

---

91 次の立体の体積 V を求めよ。

(1)

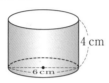

(2)

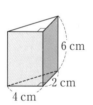

92 半径が 3 cm の球の体積 V を求めよ。

93 底面が正方形の右の正四角すいについて，次のものを求めよ。

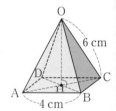

(1) 正四角すいの高さ h

(2) 正四角すいの体積 V

36 相似な図形の面積の比，体積の比

例36 次の比を求めよ。
(1) 相似な 2 つの図形で，相似比が 2 : 5 のときの面積の比

解 $2^2 : 5^2 = 4 : 25$

(2) 相似な 2 つの立体で，相似比が 2 : 5 のときの体積の比

解 $2^3 : 5^3 = 8 : 125$

確認事項　・相似な 2 つの図形で相似比が $a : b$ のとき，**面積の比は** $a^2 : b^2$
　　　　　　・相似な 2 つの立体で相似比が $a : b$ のとき，**体積の比は** $a^3 : b^3$

94 半径の比が 4 : 3 である 2 つの円の面積の比を求めよ。

97 相似比が 3 : 4 の立体 P，Q がある。P の表面積が 16 cm²，体積が 36 cm³ であるとき，Q の表面積 S，体積 V をそれぞれ求めよ。

95 半径の比が 5 : 3 である 2 つの球がある。次の問いに答えよ。
(1) 表面積の比を求めよ。

(2) 体積の比を求めよ。

96 相似比が 2 : 3 の △ABC と △DEF がある。△ABC の面積が 40 cm² のとき，△DEF の面積 S を求めよ。

例37 次のデータは，ある都市の8月の最高気温を低い順に並べたものである。次の問いに答えよ。

23.4, 25.2, 26.2, 27.5, 28.9, 30.5, 31.8, 31.9, 32.3, 32.5,
32.6, 33.1, 33.2, 33.3, 33.4, 33.8, 33.8, 33.8, 33.9, 34.1,
34.4, 34.6, 34.7, 34.7, 34.8, 35.1, 35.1, 35.5, 35.8, 36.3, 37.2　（単位　℃）

(1) 最大値，最小値，範囲，中央値，最頻値をそれぞれ求めよ。

解　最大値は37.2℃，最小値は23.4℃
範囲は，37.2−23.4より，13.8℃
中央値は，33.8℃
最頻値は，33.8℃

(2) 次の度数分布表を完成せよ。

階級 (℃)	階級値 (℃)	度数 (日)	(階級値)×(度数)
以上　未満			
22〜24			
24〜26			
26〜28			
28〜30			
30〜32			
32〜34			
34〜36			
36〜38			
計		31	

解

階級 (℃)	階級値 (℃)	度数 (日)	(階級値)×(度数)
以上　未満			
22〜24	23	1	23
24〜26	25	1	25
26〜28	27	2	54
28〜30	29	1	29
30〜32	31	3	93
32〜34	33	11	363
34〜36	35	10	350
36〜38	37	2	74
計		31	1011

(3) 最高気温が32℃以上であった日は何日あったか。

解　11＋10＋2＝23より　**23日**

(4) (2)の度数分布表を利用して，平均値を求めよ。ただし，小数第1位までとする。

解　(2)より，(階級値)×(度数)の合計が1011だから，平均値は
1011÷31＝**32.6**（℃）

(5) 四分位数，四分位範囲をそれぞれ求めよ。

解　第2四分位数は中央値だから，(1)より　**33.8℃**
第1四分位数は8番目の値だから　**31.9℃**
第3四分位数は24番目の値だから　**34.7℃**
また，四分位範囲は　34.7−31.9＝**2.8**（℃）

確認事項
・範囲＝最大値−最小値
・最頻値：与えられたデータの中で最も多く出てくる値
・中央値：データを大きさの順に並べたとき，中央にくる値
　　　　　ただし，データの総度数が偶数のときは，中央に並ぶ2つの値の平均を中央値とする。
・平均値：個々のデータの値の合計を，データの総数で割った値

　度数分布表から求めるときは　平均値＝$\dfrac{(階級値)×(度数)}{総度数}$

・四分位数：データを小さい順に並べたとき，4等分する区切りの値。
　　　　　　小さい方から順に，第1四分位数，第2四分位数(中央値)，第3四分位数という。
・四分位範囲＝第3四分位数−第1四分位数

98 次のデータは，ある年の6月の最低気温を低い順に並べたものである。次の問いに答えよ。

13.4,　14.8,　15.6,　17.3,　17.6,　17.8,　18.0,　18.0,　18.7,　18.8,

19.5,　19.7,　20.1,　20.6,　20.7,　22.1,　22.2,　22.3,　22.4,　22.6,

22.7,　22.9,　23.2,　23.9,　24.0,　24.3,　24.4,　25.2,　26.2,　26.8　（単位　℃）

(1) 最大値，最小値，範囲，中央値，最頻値をそれぞれ求めよ。

(2) 右の度数分布表を完成せよ。

(3) 最低気温が20℃以上であった日は何日あったか。

(4) (2)の度数分布表を利用して，平均値を求めよ。
　　ただし，小数第1位までとする。

階級 （℃）	階級値 （℃）	度数 （日）	（階級値） ×（度数）
以上　未満			
12〜14			
14〜16			
16〜18			
18〜20			
20〜22			
22〜24			
24〜26			
26〜28			
計		30	

99 次のデータは，バスケットボールの試合を10回行ったときのAさんの得点である。次の問いに答えよ。

15,　12,　23,　20,　20,　18,　24,　21,　16,　18　（単位　点）

(1) 四分位数，四分位範囲をそれぞれ求めよ。

(2) 箱ひげ図をかけ。

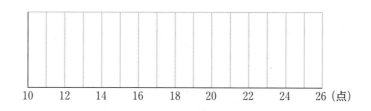

38 確 率

1から50までの自然数を1つずつ書いた50枚のカードの中から1枚のカードを引くとき，次の確率を求めよ。

(1) 10の倍数である確率

解 1から50までの自然数で，10の倍数は，10，20，30，40，50の5個ある。

よって，求める確率は $\dfrac{5}{50} = \dfrac{1}{10}$

(2) 6の倍数である確率

解 1から50までの自然数で，6の倍数は，6，12，18，24，30，36，42，48の8個ある。

よって，求める確率は $\dfrac{8}{50} = \dfrac{4}{25}$

確認事項 起こり得る場合が全部で n 通りあり，そのうち，あることがらが起こる場合が a 通りあるとき，そのことがらが起こる確率 p は $p = \dfrac{\text{あることがらが起こる場合の数}}{\text{起こり得るすべての場合の数}} = \dfrac{a}{n}$

100 番号1のカードが1枚，番号2のカードが2枚，番号3のカードが3枚，番号4のカードが4枚ある。この10枚のカードから1枚引くとき，次の確率を求めよ。

(1) 3のカードである確率

(2) 偶数のカードである確率

(3) 2または3である確率

(4) 4の約数である確率

101 1個のさいころを2回投げるとき，次の確率を求めよ。

(1) 2回とも6の目が出る確率

(2) 1回目が6で，2回目が6ではない確率

(3) 1回目が奇数の目で，2回目が偶数の目が出る確率